BEI GRIN MACHT SICH IHR WISSEN BEZAHLT

Bibliografische Information der Deutschen Nationalbibliothek:

Die Deutsche Bibliothek verzeichnet diese Publikation in der Deutschen National-
bibliografie; detaillierte bibliografische Daten sind im Internet über http://dnb.d-
nb.de/ abrufbar.

Impressum:

Copyright © 2015 GRIN Verlag, Open Publishing GmbH
Druck und Bindung: Books on Demand GmbH, Norderstedt Germany
ISBN: 978-3-668-16696-7

Dieses Buch bei GRIN:

http://www.grin.com/de/e-book/312464/abhaengigkeit-des-konsumverhaltens-von-
aeusseren-reizen-haben-jingels

Christian Wolf

Abhängigkeit des Konsumverhaltens von äußeren Reizen. Haben Jingels und Klaviermusik einen Einfluss auf die Herzfrequenz und Buchungen?

Hypothesen, Methoden der Tests und Ergebnisse

GRIN Verlag

Abhängigkeit des Konsumverhaltens von äußeren Reizen

Christian Wolf

Abschließende Hausarbeit des Moduls
Forschungsmethoden
und Statistik

Europäische Fernhochschule Hamburg
- Studiengang Betriebswirtschaft und
Wirtschaftspsychologie -

15.10.2015

Abstract

Für nicht wenige Menschen ist Musik die schönste Nebensache der Welt. Doch was ist der Nutzen von Musik? Zum Einen lassen sich mit Musik Gefühle transportieren und zum Anderen ist sie auch dazu da, dass man über sie spricht. Jeder würde diese Frage wohl individuell beantworten.

In dem vorliegenden Forschungsbericht geht es allerdings darum, wie sich die Musik auf die Kaufentscheidungen der Menschen auswirkt. Die heutige Werbeindustrie ist ein großes Einsatzgebiet von Musik.

Es werden 100 Versuchsperson im Alter zwischen 50 und 70 Jahren darum gebeten an einem Test teilzunehmen, bei dem zugleich ihre Herzfrequenz gemessen wird. Die Teilnehmer werden in zwei Gruppen von je 50 Personen unterteilt. Beide Gruppen schauen sich den gleichen 15 sek. langen Werbespot für eine Kreuzfahrt an.
Der einzige Unterschied besteht darin, dass bei Gruppe 1 (Kontrollgruppe) ein fröhlicher „Jingel" und bei Gruppe 2 (Treatmentgruppe) ein ruhiges Klavierstück als Hintergrundmusik läuft.
Bei diesem Test soll untersucht werden, welche Auswirkung die Hintergrundmusik auf die Herzfrequenz und die Kaufentscheidung hat.

Im nachfolgenden Bericht werden unter Anderem die Grundlagen für dieses Thema dargestellt. Dabei wird explizit auf die Klassische Konditionierung eingegangen. Themenbezogen werden anschließend Hypothesen aufgestellt und im Nachgang mit deskriptiver Statistik ausgewertet.

Nach Abschluss der Untersuchungen kommt man zu dem Entschluss, dass das Konsumverhalten von äußeren Reizen abhängig ist.

Inhaltsverzeichnis

Abkürzungsverzeichnis

VP.   Versuchspersonen

UV.   Unabhängige Variable

AV.   Abhängige Variable

CR   konditionierte Reaktion

CS   konditionierter Stimulus

NS   neutraler Stimulus

UCR   unkonditionierte Reaktion

UCS   unkonditionierter Stimulus

Tabellenverzeichnis

Abbildungsverzeichnis

1 Einführung und Hypothesen

1.1 Einleitung

Das menschliche Verhalten wird sehr oft durch äußere Reize beeinflusst. Dabei beschäftigen wir uns mit einer Form des Lernens, auch klassische Konditionierung genannt. (Meyers, 2008)

Laut Meyers (2008) geht hervor, dass die " klassische Konditionierung" aus dem Bereich der allgemeinen Psychologie stammt.

Mit dieser speziellen Form des Lernens werden wir auch sehr häufig im Alltag konfrontiert. Bereits schon im täglichen Leben eines Säuglings fangen die Konditionierungen an. In der lebenswichtigen Situation der Nahrungsaufnahme zeigt sich zum Beispiel die Lernfähigkeit des Kindes. Die Saugreaktion gewinnt hierbei durch Übung an Sicherheit. Die Bewegungen werden gezielter und kräftiger. In der Nahrungssituation können wir auch eine andere Form des ersten Lernens beobachten, nämlich den bedingten Reflex. Schon nach wenigen Tagen beginnt das brustgenährte Kind zu saugen sobald es in die Trinklage gebracht wird. Dies geschieht noch bevor es mit der Nahrungsquelle selbst in Berührung kommt. Es hat gelernt, dass das "Aufnehmen" ein Vorsignal der zu erwartenden Befriedigung ist. Weiterhin beginnen Flaschengefütterte Kinder z.B. zu saugen, sobald ihnen ein Lätzchen umgebunden wird.
(Lohaus & Vierhaus, 2015, S.17)

Das Erlernen von Assoziationen nennt man Konditionierung. Bei der klassischen Konditionierung treten zwei Reize zusammen auf, wodurch das assoziative Lernen ausgelöst wird. Ein Reiz davon ist ein ungelernter Reflex und der andere, ein bislang neutraler Reiz. Das heißt, wir erinnern uns wie sich zwei Vorfälle zusammen ereignen und reagieren dementsprechend.

Zudem gibt es noch die operante Konditionierung, bei der es um Konse-
quenzen infolge einer Reaktion geht (Myers, 2008, S.341).

1.2 Ablauf der Konditionierung

Jeder Mensch verfügt über angeborene Reflexe. Ein Reflex ist eine
angeborene Reaktion auf einen Reiz. Um auf einen Reflex zu reagie-
ren, muss kein Lernen stattgefunden haben. Ein Beispiel für einen
Reiz ist der Lidschlussreflex. In diesem Fall schließt sich das Auge
(Reaktion) sobald etwas schnell darauf zukommt (Reiz). Nach Mönk
Knoers, 1996, ist ein Reflex eine natürliche Reaktion auf einen Reiz.
Diese natürliche Reaktion ist angeboren und wird als
„unkonditioniert", nicht erlernt bezeichnet.

Bei der Klassischen Konditionierung wird ein neutraler Reiz durch
wiederholtes Auftreten mit einem unkonditionierten Reiz (US) ge-
paart. Durch diese Kopplung wird eine konditionierte Reaktion (CR)
ausgelöst.
Erst zu Beginn des 20. Jahrhunderts konnte nachgewiesen werden,
dass Assoziationen erlernt werden können. Die wohl berühmteste
Forschungsarbeit zu diesem Thema stammt von Iwan Pawlow (1849-
1936)
Er erforschte das Lernen anhand der Speichelproduktion bei Hunden
(Meyers, 2008). An diesem Beispiel kann die Beziehung zwischen
unkonditioniertem Stimulus (UCS) und unkonditionierter Reaktion
(UCR) und die Beziehung zwischen konditioniertem Stimulus (CS)
und konditionierter Reaktion (CR) sehr gut erklärt werden.

Die nachfolgende Abbildung lässt erkennen, dass ein neutraler Reiz
zu einem konditionierten Reiz wird, welcher dann eine konditionierte
Reaktion auslöst. Iwan Pawlow (1849-1936) bot einen neutralen Reiz
(Ton) unmittelbar vor einem unkonditionierten Reiz (Futter).

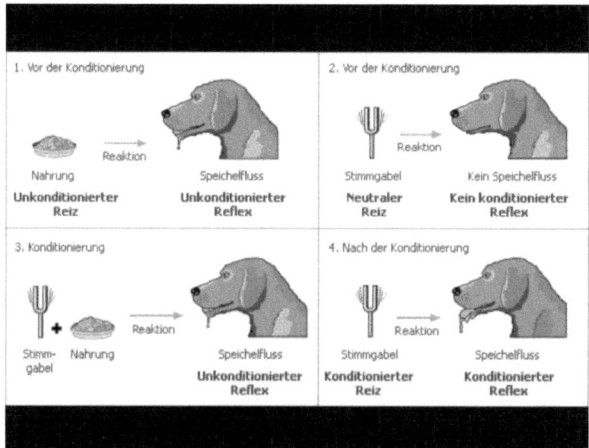

Abb.1.1 Prozess der klassischen Konditionierung nach Pawlow
Quelle: http://i.ytimg.com/vi/tYPTHYCx2JA/maxresdefault.jpg

Abbildung 1.1 zeigt einen Hund in Verbindung mit einem UCS (Futter) und einen neutralen Reiz (Stimmgabel) unmittelbar vor, während und auch nach der Konditionierung.

Das Futter löst im Maul automatisch einen Speichelfluss beim Hund aus. Das bedeutet, dass der Speichelfluss als Reaktion auf Futter im Maul nicht gelernt, und somit eine unkonditionierte Reaktion (UR) darstellt. Das Futter ist in diesem Fall ein unkonditionierter Stimulus (US), welcher auch ein unkonditionierter Reiz genannt werden kann.

Um eine Konditionierung vorzunehmen lässt Pawlow einen Ton erklingen, unmittelbar bevor der Hund das Futter bekommt. Der Ton wird nun zu einem Reflex, weil der Hund den Ton mit dem Futter koppelt. Diese Kopplung löst bereits schon beim Erklingen des Tones den Speichelfluss als Reaktion beim Hund aus. Die Kopplung des Tones in Verbindung mit dem Futter ist es eine gelernte Reaktion. Deshalb wird nun der Speichelfluss als Reaktion, als konditioniert (CR) bezeichnet. Der Tonreiz, der den erlernten Speichelfluss auslöst, ist der konditionierte Stimulus (CS). Aus dem neutralen Stimulus wird somit ein konditionierter Stimulus.

1.3 Einsatz in der Werbeindustrie

Die klassische Konditionierung wird in der Webeindustrie sehr gezielt eingesetzt. Ziel ist es, dass Konsumentenverhalten zu verändern bzw. zu beeinflussen, um so zu einer positiven Kaufentscheidung beizutragen.

Zum Beispiel wird die Attraktivität von Models bewusst genutzt, um ein Produkt (z.B. ein Auto) zu verkaufen. Bei einem Experiment von Smith und Engel aus dem Jahr, 1968 zeigt sich, dass durch den Einfluss einer schönen Frau die Kaufentscheidung eines Autos bei Männern gezielt beeinflusst werden kann (siehe Abb. 1.2). Als die Männer nachher über die tatsächlichen Details des Auto aufgeklärt wurden, glaubten sie nicht wie stark sich die Faszination der Frau auf den Kauf des Autos auswirkte (Smith & Engel, 2001)

Abb. 1.2 Autowerbung BMW
Quelle: http://ww2.autoscout24.de/bericht/frauen-in-der-autowerbung/ewig-lockt-das-weib/4319/338429/mz_2013-2-13_bulletin_frauen_in_der_autowerbu_top.jpg

Mit der klassischen Konditionierung wird dem Kunden ein positives Gefühl vermittelt, welches er mit dem Produkt (Auto) in Verbindung bringt. Hierbei dient das Fotomodell als unkonditionierter Stimulus, der eine unkonditionierte Reaktion auslöst. Nach mehrmaligen anschauen der Werbung stellt sich eine Konditionierung auf das Produkt ein. Die unkonditionelle Reaktion (UCR) ist die sexuelle Erregung. Der Käufer entwickelt somit sexuelle Gefühle die mit dem Auto gekoppelt sind. Hier wird das Farhzeug nun zu einem konditionierten Stimulus. (Gerrig & Zimbrado, 2008)

Auch McDonalds bringt mit passender Untermalung seine Produkte noch besser zur Geltung und somit auch in die Köpfe der Kunden. Unter anderem benutzen sie ein " Jingel " als musikalisches Markenzeichen ihrer Produkte. Es ist mit dem Text versehen: „Ich liebe es"!

Eine andere Form der musikalischen Untermauerung ist ein Werbelied. Zum Beispiel, Storck: „Merci, dass es dich gibt". Insbesondere Emotionen, Erlebnisse und Assoziationen sollen durch diese Form nachdrücklich vermittelt werden (Ringe, 2005 zit. nach Moormann, 2009).

Die klassische Konditionierung findet fast überall in der Werbung Anwendung. Tagtäglich werden wir mit ihr konfrontiert. Ob TV, Radio, Werbetafeln etc., in den seltensten Fällen nehmen wir sie bewusst wahr.

1.4 Hypothesen

Der Forschungsbericht soll aufzeigen, ob das Konsumverhalten von äußeren Reizen abhängig ist. In diesem Zusammenhang wird untersucht, ob die äußeren Reize (Jingel und Klaviermusik) einen Einfluss auf die Variablen Herzfrequenz und Buchungen haben.
Adrian North von der britischen Universität von Leicester konnte schon im Jahr 1997 zeigen, dass Musik die Kaufentscheidungen der Kunden beeinflusst (North, 1997).

Die erste zu überprüfende Fragestellung, bezogen auf die Variable **Herzfrequenz"** lautet: Führt ruhigere Musik (Klaviermusik) zu einer niedrigeren Herzfrequenz?

Das dazugehörige Hypothesenpaar:

H0: Ruhigere Musik hat keine Auswirkungen auf die Herzfrequenz.

H1: Ruhigere Musik führt zu einer niedrigeren Herzfrequenz. Praktisch kann man das gut an den Mittelwerten der beiden Gruppen erkennen.

Ein Hypothesenpaar auch Gegensatzpaar genannt, besteht immer aus einer Nullhypothese (H0) und einer Alternativhypothese (H1). Die Nullhypothese besagt grundsätzlich, dass es keinen Effekt in der Population gibt.

Das zweite Hypothesenpaar bezieht sich auf die Variable „**Buchungen**". Die dazugehörige Frage lautet zunächst: Führt ruhigere Hintergrundmusik (Klaviermusik) zu mehr Buchungen? Demnach ist das Hypothesenpaar wie folgt formuliert:

H0: Ruhigere Musik hat keine Auswirkungen auf die Buchungen.

H1: Ruhigere Musik führt zu mehr Buchungen. Aus den Mittelwerten ist es ebenfalls ersichtlich.

Die Nullhypothese wird in unserem Fall angenommen und gegen sie wird mit der Alternativhypothese getestet.

Nach dem Prinzip der klassischen Konditionierung könnte sich der kontitionierte Stimulus (CS) wie folgt auf die Variablen „Herzfrequenz" und „Buchung" auswirken:

Die niedrige Herzfrequenz als Reaktion auf ruhige Klaviermusik ist nicht gelernt. Demnach ist die Herzfrequenz eine unkonditionierte Reaktion (UR). Ruhige Klaviermusik könnte automatisch, unkonditioniert eine niedrigere Herzfrequenz auslösen. Daher ist die ruhige Klaviermusik ein unkonditionierter Stimulus (UCS) oder unkonditionierter Reiz. Niedrige Herzfrequenz als Reaktion auf den Werbespot könnte dadurch zu einem bedingten Reflex werden. Die Versuchspersonen (VP) könnten lernen die ruhige Klaviermusik mit dem Werbespot zu koppeln. Diese gelernte Reaktion wäre in unserem Fall die konditionierte Reaktion (CR). Der zunächst bedeutungslose Werbespot, der dann die konditionierte niedrigere Herzfrequenz auslöst, wäre nun der konditionierte Stimulus (CS).

Das heißt, die Klaviermusik könnte eine beruhigende Wirkung auf die Menschen haben, welche sie dann mit dem Werbespot koppeln. Der Kunde könnte nach der Konditionierung die Musik mit dem Werbespot verbinden. Die VP assoziieren den niedrigen Herzschlag (ein positives Gefühle) mit der Kreuzfahrt der Firma relaXation cruise. Infolgedessen ist anzunehmen, dass sich die Klaviermusik positiv auf die Kaufentscheidung auswirkt.

2 Methoden

2.1 Beschreibung der Stichprobe

Anlässlich einer Marktforschung für das Touristikunternehmen relaXation cruise wurden 100 Personen im Alter zwischen 50 und 70 Jahren zufällig ausgewählt. Sie werden gefragt, ob sie sich ein paar Minuten für einen kleinen Test Zeit nehmen würden. Man erklärt ihnen, dass sie sich einen kurzen Werbespot ansehen sollen, bei dem gleichzeitig ihre Herzfrequenz gemessen wird. Die Befragung der Versuchspersonen (VP) findet am Eingang eines größeren Supermarktes statt. Für einen reibungslosen Ablauf benötigte das Unternehmen zwei separate Räume, wo je 50 Personen Platz haben. Die zwei dafür vorgesehenen Räume dienen dazu, dass Risiko jeglicher Art von Ablenkung klein zu halten. Das Raumproblem wurde mit der Supermarktleitung geklärt und endsprechend umgesetzt. Die 100 Personen, die freiwillig an dem Test teilnehmen, werden beliebig zwei Gruppen zu je 50 Leuten zugewiesen. Das Experiment bezieht sich auf einen Werbespot, von 15 Sekunden Länge, welcher unterschiedlich musikalisch untermalt wird. Er zeigt ein glücklich aussehendes

Pärchen am Deck eines Kreuzfahrtschiffes. Gruppe 1 ist die Kontroll-gruppe und sieht den Spot, der mit einem „fröhlichen Jingle" gezeigt wird. Gruppe 2 ist die Treatmentgruppe, bei welcher der gleiche Spot mit ruhiger Klaviermusik hinterlegt ist. Anschließend werden alle 100 VP gefragt, ob sie eine Reise bei dem Kreuzfahrtunternehmen buchen wür-den oder nicht.

Es wird erwartet, dass die mittlere Herzfrequenz der VP aus Treatmentgruppe signifikant niedriger ist, als die mittlere Herzfrequenz der VP aus der Kontrollgruppe. Zusätzlich geht man davon aus, dass die VP aus der Treatmentgruppe signifikant häufiger die Reise buchen wür-den als die Teilnehmer aus der Kontrollgruppe.

2.2 Instrumente der Datenerhebung

Um die Hypothesen zu prüfen werden von beiden Gruppen jeweils die Mittelwerte, die Standardabweichung, die Varianz, der Standartfehler und der Median berechnet. Die Ergebnisse dieser statistischen Verfahren beziehen sich auf die Herzfrequenz der Versuchspersonen. Zudem hält man in einer Datenbank fest, wie viele aus den jeweiligen Gruppen eine Reise buchen würden oder nicht. Des Weiteren muss herausgefunden werden, ob die Bedeutsamkeit dieses Effektes groß genug ist um ihn auf die Population zu verallgemeinern. Deshalb wird in unserer ersten Hy-pothese, welche sich auf die Variable „Herzfrequenz" bezieht einen Signifikanztest (t-Test) verwendet. Danach wird entschieden, ob man die Hypothese annimmt oder ablehnt. Bei der zweiten Hypothese, welche auf die Variable der „Buchung" eingeht, wird dafür ein Chi-Quadrat-Test (X^2-Test) eingesetzt.

2.3 Forschungsdesign

Bei dieser Art von Stichproben handelt es sich um ein „experimentelles Design" da eine Unterscheidung von der unabhängigen Variable (Jingel und Klaviermusik) und der abhängigen Variable (Herzfrequenz und Bu-

chung) möglich ist. Die jeweilige Hintergrundmusik geht stets der Herzfrequenz oder Buchung voraus und die Daten werden von zwei Ver-
suchsgruppen verglichen. In diesem Kontext wird die Hintergrundmusik
(UV) des Werbespots gezielt manipuliert. Da die VP in zwei separaten
ruhigen Räumen untersucht werden, handelt es sich um ein Laborexperiment. Der Vorteil dabei ist, dass Störvariablen größtenteils ausge-
schlossen werden können, sowie es auch einer besseren Kontrolle unter-
liegt. Somit wird bei diesem Experiment eine hohe interne Validität si-
chergestellt.

3 Ergebnisse

3.1 Kennwerte der Untersuchung

Um den Einfluss der Hintergrundmusik zwischen der Kontrollgruppe 1
und der Treatmentgruppe 2 anhand der Daten vergleichen zu können,
werden die Rohdaten zu einem Index zusammengefasst.

Zudem werden aus den arithmetischen Mitteln weitere deskriptive, statis-
tische Auswertungen durchgeführt.

Die Häufigkeitsverteilungen werden durch Lage- und Streuungsmaße
angegeben. Der Mittelwert, der Modalwert, der Median, die Standardabweichung, die Varianz und die Range werden ebenfalls bestimmt. Dies
wird einerseits gruppenübergreifend, andererseits auch gruppendifferen-
ziert ausgewertet.

Um bereits einen Einblick auf die Ergebnisse zu bekommen, sind in
Tab.3.1 die Ergebnisse der wichtigsten Kennwerte abgebildet. Die Kontrollgruppe wird mit der Zahl 1 und die Treatmentgruppe mit der Zahl 2
codiert. Zur Codierung für die Buchung wird 1 als „würde ich buchen"
und 2 als „würde nicht buchen" festgelegt.

Kennwerte der Herzfrequenz	Kontrollgruppe 1	Treatmentgruppe 2
Mittelwert	77,2	71,88
Varianz	152,8163265	85,57714286
Standardabweichung	12,36189009	9,250791472
Standardfehler	1,748235262	1,308259476
Median	80	72
Modalwert	80	75
Range	50	38

Tab.3.1 Kennwerte von Kontroll – und Treatmentgruppe

Dazugehörig wird die Herzfrequenz der beiden Gruppen in Abb. 3.1
zum Vergleich grafisch dargestellt. Die Mittelwerte werden deutlich mit
der roten Markierung hervorgehoben.

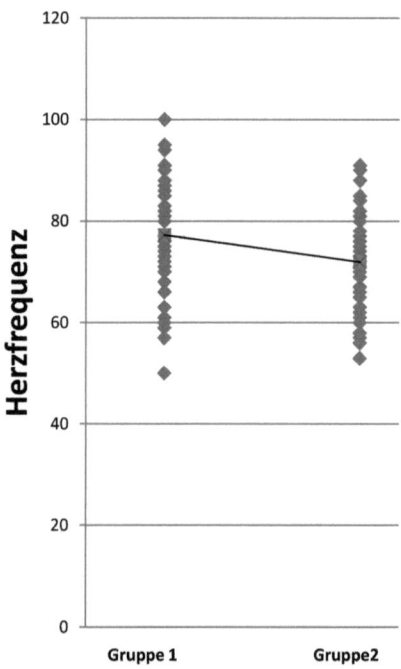

Abb.3.1 Herzfrequenz der Probanden

Die Häufigkeitsverteilung der Buchungen, zeigt das nachfolgende Balkendiagramm.

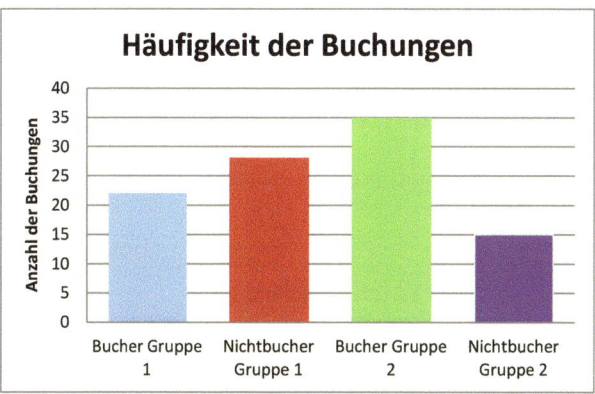

Abb.3.2 Häufigkeitsverteilung der Buchungen

In der Abbildung 3.2 werden die beiden Gruppen dargestellt, die jeweils nochmal in „Bucher" und „Nichtbucher" unterteilt wurden. Das Ende der Balken kennzeichnet die Anzahl der Buchungen auf der Y-Achse. Deutlich wird bereits hier, dass die VP aus Gruppe 2 viel häufiger buchen würden, als VP aus Gruppe 1. Dies ist schon ein Anzeichen dafür, die Nullhypothese aus dem zweiten Hypothesenpaar zu verwerfen und die Alternativhypothese anzunehmen. Diese Tendenz kann allerding erst durch einen Signifikanztest bestätigt werden.

In der nachfolgenden Abb.3.3, werden die Mittelwerte, der Median, der Modalwert und die Anzahl der Buchungen in den einzelnen Gruppen, mit dem zugehörigen Ausprägungen der Herzfrequenz ermittelt.

	An-zahl	Mini-mum	Maxi-mum	Mittel-wert	Median	Mo-dalwert
Bucher Gruppe 1	22	50	94	75,41	76,5	44
Nichtbucher Gruppe 1	28	50	100	77,96	81	50
Bucher Gruppe 2	35	53	91	71,37	77,5	38
Nichtbucher Gruppe 2	15	58	90	73,06	63	32

Abb.3.3 Mittelwerte der Gruppen – Bucher / Nichtbucher

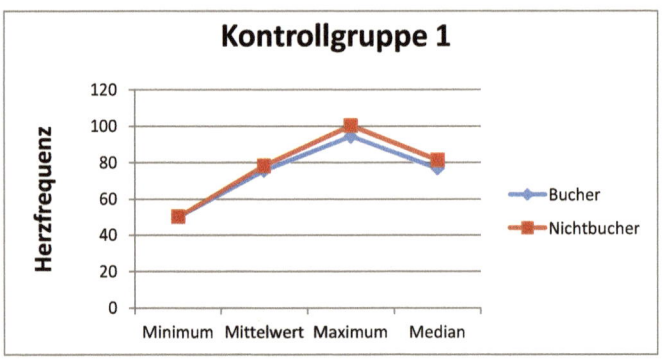

Abb.3.4 Herzfrequenz der Kontrollgruppe – Bucher / Nichtbucher

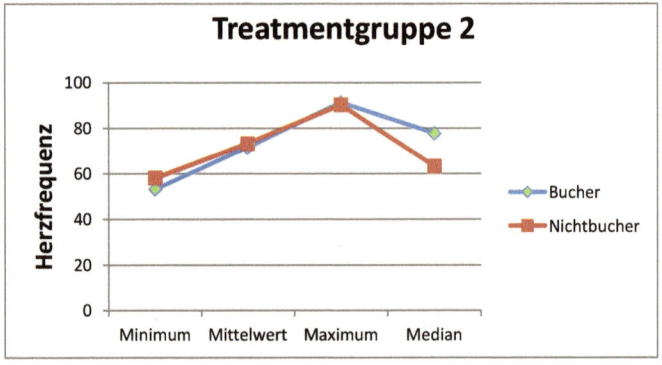

Abb.3.5 Herzfrequenz der Treatmentgruppe – Bucher / Nichtbucher

Aus den Abbildungen 3.4 und 3.5, werden die unterschiedlichen Werte der Herzfreuenz, bezogen auf Minimum, Maximum, Mittelwert und Median, ersichtlich. Die Y-Achse zeigt die Höhe der Herzfrequenz. Auch hier kann man gut erkennen, dass z.B. die Mittelwerte der Gruppe 2 ein niedrigeres Skalenniveau aufweisen als die, der Gruppe 1. Aus diesen Grund kann vermutet werden, dass die Alternativhypothese des ersten Hypothesenpaares zutreffen und somit die Nullhypothese abgelehnt wird. Die exakten Daten lassen sich gut aus Abbildung 3.3 ablesen.

Allerdings müssen diese Ergebnisse durch einen Signifikanztest über-prüft werden.

3.2 Bestätigung durch Signifikanztests

Zur Überprüfung der Signifikanz des ersten Hypothesnpaares wird ein t-Test verwendet.

Die Hypothese lautete:

H0: Ruhigere Musik hat keine Auswirkungen auf die Herzfrequenz.

H1: Ruhigere Musik führt zu einer niedrigeren Herzfrequenz. Praktisch kann man das gut an den Mittelwerten der beiden Gruppen erkennen.

Die Formel ist folgendermaßen aufgebaut:

$$t = \frac{(XA - XB)}{\sqrt{\sigma XA - \sigma XB}}$$

XA = Mittelwerte der Kontrollgruppe 1

XB = Mittelwerte der Treatmentgruppe

σ = Standardfehler

$$t = \frac{(77,2 - 81,88)}{\sqrt{1,745^2 - 1,308^2}}$$

$$t\,\underline{empierisch = 2,43}$$

Das Ergebnis des empirischen t-Wertes beträgt 2,43. Dieser Wert muss nun mit dem kritischen Wert der t- Verteilung verglichen werden. Voraussetzung dafür ist die Berechnung der Freiheitsgrade.

Die Formel dazu lautet:

$$df = (na - 1) + (nb - 1)$$

$$df = (50 - 1) + (50 - 1)$$

$$\underline{df = 98 \ (rund \ 100)}$$

Anhand der Freiheitsgrade können wir nun den kritischen t- Wert aus der vorgegebenen Tabelle ablesen. In dieser Tabelle wird das Signifikanzniveau durch die Fläche angegeben. Der Test, der bei diesem Experiment angewendet wird ist ein einseitiger Test. Somit beträgt die relevante Fläche 0,95 bei einer Irrtumswahrscheinlichkeit von 5%.

Bei einer Fläche von 0,95 und 100 Freiheitsgraden, beträgt der kritische t-Wert 1,66.

$t\text{-}kritisch = 1,66$

Das heißt: $t \ empierisch \ (2,43) > t \ kritisch \ (1,66)$

Ist der empirische Wert größer als der kritische, zeigt der Test, dass er auf dem 5% Niveau signifikant ist. Demzufolge wird die Nullhypothese des ersten Hypothesenpaares verworfen und die Alternativhypothese gilt.

Um das **zweite** Hypothesenpaar zu belegen wird ein Chi-Quadrat-Test (X^2 - Test) verwendet (siehe Anhang, Excel-Datei, Berechnungen, Chi²-Methode)

Die Hypothese lautete:

H0: Ruhigere Musik hat keine Auswirkungen auf die Buchungen.

H1: Ruhigere Musik führt zu mehr Buchungen. Aus den Mittelwerten ist es ebenfalls ersichtlich.

Um auf Signifikanz zu testen prüft der X^2- Anpassungstest, ob eine empirische Häufigkeitsverteilung mit einer theoretisch zu erwarteten Häufigkeitsverteilung übereinstimmt. Bei dieser Methode wird ein Unabhängigkeitstest durchgeführt, aus dem man schnell erkennt, ob ein Zusammenhang besteht oder ob die beiden Variablen unabhängig voneinander sind. Wenn die Variablen unabhängig sind, dann wiesen sie keine Signifikanz auf.

Ausgang der Chi^2-Methode ist es, zwei Kreuztabellen zu erstellen, mit der entsprechenden Zahl von Variablen und Ausprägungen, wie vorliegend. Die Gruppenzugehörigkeit stellen die Variablen „Bucher" und „Nichtbucher" dar, die Ausprägungen sind die Kontrollgruppe 1 und die Treatmentgruppe 2.
Die beobachtbare Häufigkeitsverteilung wird in Tab. 3.2 und die erwartete Häufigkeitsverteilung in Tab.3.3 dargestellt.

	Kontrollgruppe1	Treatmentgruppe2	Summe
Bucher	22	35	57
Nichtbucher	28	15	43
Summe	50	50	100

Tab.3.2 Kreuztabelle mit beobachteter Häufigkeit der Buchungen

	Kontrollgruppe 1	Treatmentgruppe2	Summe
Bucher	28,5	28,5	57
Nichtbucher	21,5	21,5	43
Summe	50	50	100

Tab.3.3 Häufigkeit mit zu erwartender Häufigkeit der Buchungen

Die Werte der erwartende Häufigkeit berechnet man für <u>jede</u> Kombination mit dieser Formel: (siehe Anhang, Chi-Quadrat-Methode)

$$fe = \frac{Z \times S}{N} = \frac{57 \times 50}{100} = 28,5$$

Z = Zeilensumme

S = Spaltensumme

N = Anzahl

Aus der Kreuztabelle lässt sich der empirische x^2-Wert errechnen welcher hier, $x^2 = 6,895$ beträgt (Anhang, Chi-Quadrat-Methode).

Die Formel dazu lautet:

$$X^2 = \Sigma \frac{(fb - fe)^2}{fe}$$

X^2 _empierisch_ = _6,895_

Der Freiheitsgrad ergibt sich aus:

$df = (k - 1)(l - 1)$

$df = (2 - 1)(2 - 1) = 1$

<u>$df = 1$</u>

K und l stehen für die möglichen Kombinationen.

Die Chi^2-Tabelle liefert bei einem Signifikanzniveau von 5 Prozent einen kritischen Wert $x^2 = 3,841$.

Da der empirische x^2-Wert mit $x^2 = 6,895$ höher ist als der kritische x^2-Wert mit $x^2 = 3,841$, ist das Ergebnis signifikant. Auf Grund dessen, sind die Buchungen abhängig von der Hintergrundmusik.

4 Diskussionen der Ergebnisse

4.1 Interpretation der Daten

Die Untersuchungen konnten die Erwartungen meinerseits (als Leiter der Forschungsgruppe) bestätigen. Es wird erwartet, dass die mittlere Herzfrequenz der Treatmentgruppe 2 niedriger ist, als die der Kontrollgruppe 1. Zusätzlich wird angenommen, dass die VP aus Gruppe 2 signifikant häufiger „würde ich buchen" angeben, als die VP aus Gruppe 1.

Des Weiteren kann anhand der Berechnungen, die beiden anfänglich aufgestellten Alternativhypothesen, angenommen und demzufolge die Nullhypothesen verworfen werden. Aus dem Ergebnis des t-Tests, lässt sich schließen, dass ruhigere Musik einen Einfluss auf die Herzfrequenz hat. In welche Richtung die Herzfrequenz ausschlägt lässt sich gut an den Mittelwerten erkennen. Die Treatmentgruppe 2 weist eindeutig niedrigere Werte auf, als die Kontrollgruppe 1. Demzufolge kann man nicht nur sagen, dass die ruhigere Klaviermusik einen Einfluss auf die Herzfrequenz hat, sondern auch, dass sie speziell zu einer niedrigeren Herzfrequenz führt.

Nach der Berechnung des Chi^2 - Testes für das zweite Hypothesenpaar, lässt sich ganz gut erkennen, dass beide Variablen (Hintergrundmusik und Buchung) abhängig voneinander sind. Demnach kann eine Signifikanz nachgewiesen werden. Infolgedessen wird auch hier die Alternativhypothese angenommen. Das heißt: Ruhigere Klaviermusik führt zu mehr Buchungen. Das es speziell zu „mehr" Buchen führt, wird wieder an den Mittelwerten und an der Anzahl der Bucher deutlich erkennbar (siehe Abb. 3.3).
Dementsprechend, kann die in der Einführung entstandene Frage„ Ist das Konsumverhalten von äußeren Reizen abhängig" geklärt und mit „ja" beantwortet werden.

4.2 Ergebnisse im Kontext der Literaturrecherche

Das Gehör ist der erste Sinn der Menschen prägt. Die Welt ist überall voll mit Geräuschen Klängen und Tönen. Am Klang der Stimme erkennen wir sogar ob jemand traurig oder fröhlich ist. Erscheinen Klänge uns unwichtig oder wir sind sie gewohnt, bemerken wir sie oft gar nicht. Trotzdem beeinflussen uns Geräuschsignale ohne, dass wir sie bewusst wahrnehmen. Aus diesen Grund hat Musik einen massiven Einfluss auf die Kaufentscheidung (Christine Wenhart, 2012, S. 18)

Ein Experiment in einem amerikanischen Weinladen ergab, dass Kunden begleitet von leichter klassischer Musik, weitaus teurere Weine kauften als bei einer Berieselung mit Popmusik. Das Kaufverhalten kann also subliminal beeinflusst werden. (Beck, 2011)

Nach einer Studie von Alpert & Alpert (1989), hat die Hintergrundmusik einen Einfluss auf die Gemütslage des Kunden. Aus ihr geht hervor, dass die Variation der Musik in einer Werbung einen signifikanten Einfluss auf die emotionale Lage des Publikums hat. Spezielle Hintergrundmusik, die entweder bekannt oder ansprechend ist, beeinflusst die Reaktion auf ein beworbenes Produkt. Dies fanden sie bereits in vorherigen Studien heraus (Alpert & Alpert, 1989).

Es wurde beim Kunden eine bestimmte Stimmung induziert, die die Kaufentscheidung beeinflusste.

Ähnlich sieht es auch bei dem durchgeführten Experiment aus. Die sanfte Klaviermusik hat den Zuschauer in eine beruhigte Stimmung versetzt, welche er dann mit einer Kreuzfahrt verbindet.

Oakes (2007) fasste eine Reihe von empirischen Studien vor dem Hintergrund der emotionalen und kognitiven Reaktionen zusammen. Dabei gilt es mehrere Faktoren zu beachten: Stimmung, Wiederholung, Assoziation, Wertigkeit, Semantik, Genre, Partitur, Bildaufbau, Tempo und Klangfarbe.

Die zu wählende Musik sollte sich so gut wie Möglich mit der Art und Weise der Werbung ähneln. Somit kann Musik reibungslos mit einem

Werbespot einher gehen. (Oakes, 2007, S. 45). Dies spiegelt sich auch in dem durchgeführten Experiment wieder. Die ruhige Klaviermusik ist fast deckungsgleich mit dem Werbespot. Ein fröhlicher „Jingel" hingegen, würde nach Oakes die ältere Generation in Zusammenhang mit einer Kreuzfahrt eher verschrecken.

Das bedeutet, dass oben durchgeführte Experiment, spiegelt die Ergebnisse anderer Experimente wieder.

4.3 Betrachtung des Forschungsdesings

Bei der dargestellten Stichprobe handelt es sich wie oben schon erwähnt um experimentelles Forschungsdesign. Genauer genommen, ist es ein Laborexperiment. Dies hat den Vorteil einer hohen Kontrollierbarkeit und internen Validität aber genau das, kann sich auch auf die Probenden auswirken und somit die Ergebnisse verfälschen. In einem Laborexperiment befinden sich die VP z.B. in einem extra dafür vorgesehenen Raum ohne jeglichen Einfluss von Störvariablen. Lärm, Temperaturen, Gerüche, Musik, all das wird in einem Labor vermieden. (FOST 1/H, S.59)

Es ist jedoch sehr strittig ob man mit dieser Art von „künstlichem" Experiment, erreicht was man bezwecken möchte. Die Fragen die sich dabei ergeben, könnten sein: Tritt dieser gefundene Effekt möglicherweise nur in dieser Situation auf? Was passiert in einer realen Situation – würde die Treatmentgruppe 2 genauso häufig „würde ich buchen" angeben? Um dies zu belegen, könnte bei einer zukünftigen Forschung neben dem Laborexperiment noch ein zusätzliches Feldexperiment durchgeführt werden. Bei einem Feldexperiment ist das Verhalten der VP völlig natürlich und sie wissen auch nicht, dass sie an einem Experiment teilnehmen. Der Vorteil eines solchen Experimentes ist, eine hohe externe Validität. Solch ein Ergebnis lässt sich eher auf die Population verallgemeinern, als jenes mit hoher internen Validität. (FOST 1/H, S.73)

In einem nächsten Experiment könnte man auch noch die Variable „Geschlecht" hinzufügen. Demnach gilt es zusätzlich herauszufinden ob die Kreuzfahrten bei relaXion cruise eher von Frauen oder von Männern gebucht werden. Infolgedessen müsste der Werbespot dann so gestaltet werden, dass er für beide Geschlechter gleichermaßen ansprechend ist.

Abschließend kann man sagen: „Das durchgeführte Experiment dient sehr gut als Grundlagenforschung um psychologische Mechanismen aufzudecken". In einer nächsten Forschung, kann anhand eines zusätzlichen Feldexperiments ein größerer Zusammenhang zur Realität hergestellt werden.

Literaturverzeichnis

Lohaus, Arnold; Vierhaus, Marc (2015): Entwicklungspsychologie des Kindes- und Jugendalters für Bachelor. 3. Aufl.: Springer.

Moormann, Peter (2009): Musik im Fernsehen. Sendeformen und Gestaltungsprinzipien: Springer.

Smith, Randolph A. (2001): Challenging Your Preconceptions. Thinking Critically about Psychology. 2. Aufl. Virginia: Wadsworth Thomson Learning.

North, Adrian; Hargreaves, David (2008): The Social and Applied Psychology of Music. Oxford: OUP.

Gerrig, Richard J.; Zimbardo, Philip G. (2008): Psychologie. Hallbergmoos: Pearson Deutschland GmbH.

Mönks, Franz J.; Knoers Alphonsus M. P. (1996): Lehrbuch der Entwicklungspsychologie. 2. Aufl. München: Reinhardt.

Myers, David G. (2008): Psychologie. 2. Aufl. Heidelberg: Springer.

Munzinger, Uwe; Wenhart, Christiane (2012): Marken im Digitalen Zeitalter. 2. Aufl.: Springer.

Beck, Judith S. (2013): Praxis der Kognitiven Verhaltenstherapie. 2. Aufl.: Beltz.

Albert, Judy I.; Albert, Mark I. (1989): Background Music As an Influence in Consumer Mood and Advertising Responses. Advances in Consumer Research. (1) 16

Oakes, S. (2007): Evaluating Emperical Research into Music in Advertising. A Congruity Perspective: Nightingale Conant Corporation, 47(1), 38-48.

Schäfer, Thomas (2011): Erkenntnisse und Datenerhebung in der Psychologie. Hamburg: EURO-FH.